大连工业遗产图鉴

姜 晔 编著

文物出版社

图书在版编目（CIP）数据

大连工业遗产图鉴 / 姜晔编著. -- 北京 ：文物出版社，2020.12

ISBN 978-7-5010-6831-9

Ⅰ. ①大… Ⅱ. ①姜… Ⅲ. ①工业建筑－文化遗产－大连－图集 Ⅳ. ①TU27-64

中国版本图书馆CIP数据核字(2020)第196692号

大连工业遗产图鉴

编　　著：姜　晔

责任编辑：赵　磊　徐　旸
责任印制：陈　杰

装帧设计：薛　璟

出版发行：文物出版社
社　　址：北京市东直门内北小街2号楼
网　　址：http：//www.wenwu.com
邮　　箱：web@wenwu.com
经　　销：新华书店
制版印刷：天津图文方嘉印刷有限公司
开　　本：787mm×1092mm　1/12
印　　张：19$\frac{1}{3}$
版　　次：2020年12月第1版
印　　次：2020年12月第1次印刷
书　　号：ISBN 978-7-5010-6831-9
定　　价：268.00元

目录

P151

P162

P171

P176

P189

P196

概述

党的十九大报告指出，要加强文物保护利用和文化遗产保护传承。工业遗产是文化遗产的重要组成部分，加强工业遗产的保护、管理和利用，对于传承人类先进文化，保护和彰显一个城市的底蕴和特色，推动地区经济社会可持续发展，具有十分重要的意义。随着全社会对工业遗产认识水平的提高和大连创建国家历史文化名城力度的加大，工业遗产必将在大连城市文明进程中发挥越来越重要的作用。

一、大连工业遗产现状及其特点

（一）大连工业遗产现状

大连的工业历史悠久、基础雄厚、门类齐全，为中华人民共和国的诞生与建设，立下了不可磨灭的功绩。因此，大连这座有着辉煌工业传统的城市遗留有较多的工业遗产。但是随着大连城市空间结构和使用功能需求的变化，市政府决定对市内大型企业实施整体搬迁改造。大连市的企业搬迁工作从 1995 年开始，历经二十多个年头，共分 29 批将 259 户企业列入搬迁计划。随着大规模的企业搬迁改造进程的加快，那些记录了特定年代和几代人艰苦创业的历程，那些真实而且弥足珍贵的城市记忆，正在逐渐消失。

2008 年，我们首次大规模地对全市历史悠久的大型国有企业进行了现场调查，发现工业遗产 158 处。2019 年再次进行了复查，很多工业遗产已被拆除。现将其分为三种情况:一是在城市的搬迁改造中已经全部拆毁，原址已经兴建了住宅小区、公园和公建项目。如大连酒厂、大连重型机器厂、大连水泥厂、大连发电一厂、金州纺织厂、国营五二三厂、大连钢厂、大连化工厂、大连橡塑机厂等；二是在原址改建、扩建的。在企业的技术更新改造中，许多历史较长的厂房、设施、机器设备被拆除，但还保留部分工业遗产。如大连海港集团、大连造船厂、大连机车厂、大连电车修配厂、大连辽南船厂、瓦房店轴承厂、金州重型机械厂等；三是在改造中，企业保护意识较强，有目的地保留了有代表性的工业遗产。如大连自来水集团，保留着部分净水厂和水库。

（二）大连工业遗产的特点

1. 殖民工业遗产比重较大

大连城市是俄日两个帝国主义国家投巨资在荒僻村落上建成的。俄日两个帝国主义都急于在大连建立垄断的大机器工业，以便扩大侵华实力和争夺世界，因此在大连投入巨资建立垄断的大机器工业。沙俄占领对大连时期，据 1903 年 1 月 1 日调查，大连总计五十多家大小工厂，凡属较重要者，均有沙俄资本在经营。日本殖民统治大连时期，20 世纪 40 年代初，大连的工业投资总额中，日资占 96%，特别是“南满洲铁道株式会社”占了相当大的比例。因此，大连工业遗产中殖民工业的特点非常突出。

2. 重工业遗产占主体地位

沙俄占领大连时期，大连最大的工业企业有铸铁厂、修造火车车辆的机车制造厂及修造船舶的利斯工厂，构成大连工业的主体部分。日本殖民统治大连时期，不仅接管了并大肆扩充了原属沙俄的机器工业，而且新建了石油、化工、建材、电力、冶金、纺织等企业。大连解放初期、国民经济恢复时期和国家“一五”时期，大连工业有了快速发展，工业门类比较齐全，重工业仍在大连工业中占有较大比重。

3. 工业建筑遗产数量居多

在工业遗产调查中，我们发现大连工业遗产多为工业建筑遗产。工业建筑的建造目的是以容纳机器、材料、劳动和设备为原则，服务于生产和制造的功能要求。出于这个目标，工业建筑的实用性远远要超过建筑的美学性。大连工业建筑遗产按结构形式和空间特征大致可分为 3 类：一是重型机械车间、设备仓库等具有高大内空间的大跨度建筑，其建筑结构多为巨型钢架、拱或排架等，如金州重型机器厂重容车间、大连机车厂机车车间；二是多层建筑，多为混合结构，为外砖承重墙、钢柱梁和混凝土预制板，层高一般，空间开阔，多用做仓库、小型车间和配套的管理办公用房，如大连海港 15 库；三是由特殊用途决定的特殊构筑物，其构造形式反映其特定功能，如沙河口净水厂的过滤室、泵房等。

二、大连工业遗产保护利用的意义

（一）大连近代工业的诞生、发展促进了大连近代城市的形成和发展，工业遗产则是其重要的物证。

大连城市与其他城市不同，其城市工业基本上没有经过手工业阶段，而是机器工业的诞生，标志着大连工业从无到有的问世。对于殖民统治来讲，城市的工业化是他们推动城市化最重要、最直接的动力。大连地区的工业化和城市化完全是殖民统治政策的操控下，同步进行，同步发展的。发展是手段，掠夺是目的。随着近代大连机器工业的诞生，导致了人口的高度聚集，从而推动了近代大连城市的形成和迅速发展。当然在这种殖民统治下，大连的沿海优势不能充分发挥，城市经济不能健康发展，而遗留下来的工业遗产则是其重要的物证。

（二）大连工业遗产是传承大连城市精神重要的物质载体。

保护好工业发展历史进程中的工业遗产，可以使我们记住近代工业化过程中的那些屈辱，更有“可歌可泣”的事件和人物，记住那个为实现强国梦想几代人持之以恒、不懈努力的时代，记住工人的伟大和劳动的光荣。被称作中国的“保尔 · 柯察金”的兵工专家吴运铎；一生中创造了 644 项技术革新活动的著名“工人技术革新家”卢盛和；“中国第一位女火车司机长”田桂英；“盐滩铁人”孙华喜；“锻造革新家”张玉金等，就是杰出的代表。工业遗产中蕴含着他们这种钢铁般的意志、无私奉献的热情、高度的纪律性和自觉的创造性。他们用拼搏和奉献凝聚的特有的优秀品格，为社会添注了一种永不衰竭的精神动力。透过工业遗产，我们能看到这一份份历久弥新的精神积淀。

（三）工业遗产是社会发展历史的记录和见证。

中华人民共和国成立伊始，百废待兴，党中央就把集中力量尽快使中国从落后的农业国转变为先进的工业国确定为中心任务。由于大连在当时发展工业的条件得天独厚，因此国家首先选址大连。在建设新中国的征途中，大连工业始终屹立在时代潮头，降生了无数个中国第一。几十万产业大军承担着支援国家基础设施建设和振兴民族工业的精神使命。大连机车、造船、瓦轴、大化等企业也成为全国同行业的摇篮，他们用技术和骨干在全国孵化出众多的同类企业。这些工业的布局和发展深刻地影响着大连城市的格局，形成了特殊的内在肌理。保留下来的工业遗产则记录了大连几代人艰苦创业的历程，是大连工业发展的历史见证，是“阅读城市”的重要物质依托，也具有区别于其它城市的独立品质。

三、大连工业遗产保护利用对策

（一）制定大连工业遗产的认定标准

工业遗产的认定目前尚无通用的国际标准。根据国内工业遗产的实际情况，工业遗产应该是在一个时期一个领域领先发展、具有较高水平、富有特色的工业遗存。这样界定，既注重了工业遗产的广泛性，避免因认识不足而导致文化遗产在不经意中消失，又注重了工业遗产的代表性，避免由于界定过于宽泛而失去重点，保证把那些最具有典型意义、最有价值的工业遗产保留下来。

结合大连的实际情况，我认为符合下列条件之一的，可确定为工业遗产：

1. 在相应时期内具有稀有性、唯一性和全国影响性等特点。

2. 同一时期内，企业在全国同行业内排序前五位或产量最多，质量最高，开办最早，品牌影响最大，工艺先进，商标、商号全国著名。

3. 企业布局或建筑结构完整，并具有时代和地域特色。

4. 与大连著名民族工商实业家群体有关的民族工商业企业、名人故居及公益建筑等遗存。

（二）编制大连工业遗产保护专项规划，纳入法制化轨道

把经认定具有重要意义的工业遗产纳入各种规划，是工业遗产保护的关键措施。大连正在编制《大连历史文化名城保护规划》，可喜的是纳入了工业遗产的内容。应尽快编制大连工业遗产保护专项规划，纳入城市规划。对工业遗产普查的结果，规划部门要及时划定保护范围和建设控制地带；相关部门应对规划实施情况进行跟踪监督，并进行前置审批。在工业布局调整、城市建设中，必须以不破坏工业

历史文化遗存为前提，充分保护、发掘和利用各种历史文化资源，强化文化环境的保护。

制定大连工业遗产保护地方法规，使工业遗产通过法律手段得到有力的保护。设立专家顾问机构，对工业遗产保护的有关问题提出独立意见。根据工业遗产保护的特殊情况和要求，起草和制定《大连市工业遗产保护办法》，推进工业遗产保护的法制化、制度化和规范化建设，加大工业遗产保护的执法力度，做到执法必严，违法必究。

（三）加强工业遗产的抢救性保护

对大连现存的工业遗产进行全面普查，摸清家底，及时公布大连工业遗产保护名录，对具有重要价值和意义的工业遗产一经认定，应当公布为文物保护单位，通过强有力的手段使其切实得到保护。工业遗产也应根据其价值大小和重要程度明确不同保护级别，列入相应级别的文物保护单位，逐渐形成一个以全国、省级、市级工业遗产保护名录和文物保护单位为骨干的各个时期和各种门类较为齐全的工业遗产保护体系。

对于列入文物保护单位的具有重要意义的工业遗产，应最大限度地维护其功能和景观的完整性和真实性，原状保护必须始终得到优先考虑，特别是在考虑适应性改动的过程中，要慎重对待工业建筑或机械设备的每一个组成部分。干预行为应具备可逆性，产生的影响必须降到最低程度。必须实施的改动都应记录，被拆卸的重要元素必须得到妥善保存。

（四）做好工业遗产的保护性再利用

工业遗产不是城市发展的历史包袱，而是宝贵财富，只有把它当作文化资源，人们才能珍惜它，善待它。更重要的是通过持续性和适应性的合理利用来证明它的价值。借鉴其他国家和国内其他城市的先进经验，对工业遗产的保护再利用主要有博物馆模式、景观公园模式、创意产业模式和旅游购物模式等 4 种模式。

结合大连的实际情况，以正在搬迁的大连机车厂为例，1908 年“满铁”沙河口铁道工场（大连机车厂）搬到沙河口现址，距今已有一百一十多年的历史，创造了多个中国第一，享有“机车摇篮”的美誉。经过普查发现，工厂保留较多有价值的老厂房建筑和机器设备，如机车车间、机械五车间、动力车间等，其特点为：建筑结构坚固、工业建筑特点鲜明、空间适应能力强。如 1911 年建成的机械五车间设计上受到西方新建筑的影响，率先使用了钢筋混凝土锯齿形屋顶，保证了很好的采光；车间内部采用了铆接工字钢架结构，可以看出当时科学技术发展的水平。建于 1908 年的机车车间，其大跨度钢架梁柱、中性化的使用结构，较高的楼层空间和良好的采光方式，显示出其工业建筑良好的空间适应性，这种高度的灵活性可以容易地改做他用。

建议将机车车间改建成大连文化创意产业园，对其厂房进行功能改造，将有历史价值的机器设备原址保护展示，并保留有特点的工业元素，吸引创意类、艺术类、时尚类的企业入驻，如：海内外知名的建筑设计、服装设计、影视制作、画廊、广告、媒体等公司。让这里既充满工业文明的沧桑韵味，又流露出现代文化的气息，使不同领域的艺术工作者和各类时尚元素在这里互相碰撞，激发灵感和创意。建议以机械五车间厂房为馆址筹建大连工业遗产博物馆，通过这些珍贵的工业机器、生产设备和档案资料，以大连工业文明为主题，展示大连工业百余年发展历史，形成能够吸引人们了解大连工业文明的场所。还可以设立机车遗址公园，建立工业遗产旅游线路，发展工业遗产旅游文化产业，推动城市精神薪火相传。

工业遗产与文物古迹保护有所不同，对工业遗产而言，利用是最好的保护。工业遗产的保护利用只有融入经济社会发展，融入城市建设，才能焕发出新的生机和活力，才能在新的历史条件下，继续发挥其积极作用，使工业遗产成为延续城市历史文脉和促进城市经济发展的宝贵财富。

姜晔

大连博物馆馆长　研究馆员

01-1

旅顺船坞旧址

时代：1890 年

地址：大连市旅顺口区港湾街 58 号

清光绪六年（1880 年），清政府决定在旅顺修建北洋水师（1888 年改称北洋海军）基地。光绪七年（1881 年）十月，李鸿章勘察旅顺口形势后，组建了旅顺工程局，全面负责旅顺口港、坞及炮台等工程，采用当时西方最先进的“建港为泊船、建坞为修船、建炮台为庇护港坞”的三位一体的建港理论，并于光绪八年（1882 年）十月委任袁保龄为旅顺工程局总办。旅顺船坞工程前期由中国人自建，光绪十三年（1887 年）承包给外国人建造。光绪十六年（1890 年），清政府对旅顺船坞等工程进行了验收。至中日甲午战争爆发前，旅顺船坞已成为堪称远东一流、配套完善的海军基地，有“远东第一大坞”“中国坞澳之冠”的美誉。旅顺船坞和周围工厂的建立，标志着大连近代工业的诞生，从而产生了大连第一代产业工人。

现为全国重点文物保护单位，列入首批中国工业遗产保护名录。

旅顺船坞和厂库近景

左：清末坞闸
右上：船坞耳房旧址
右下：船坞泵房旧址

左：大坞坞底
右上：铭牌遗迹
右下：大坞坞底局部

01-2

旅顺电报局旧址

时代：1885 年

地址：大连市旅顺口区港湾街 56 号

旅顺船坞工程启动后，为与京畿通迅联络畅通及时，光绪十年（1884 年），袁保龄特禀请北洋大臣将电报由山海关接至营口、金州、旅顺，以利信息传递。同年 11 月，由天津至旅顺正式通报，这是东北电信史上第一条电报线路。1885 年，旅顺电报局正式设立。同年，架设了经凤凰城到朝鲜汉城（今韩国首尔）的电报线，这是我国第一条国际电报线路。中日甲午战争期间，清政府发布的宣战诏书及驻军调动的电令，多由旅顺电报分局完成接收和传达。

左：清末电报局接线生工作场景
右：旅顺电报局旧址局部

01-3

旅顺船坞局旧址

时代：1891 年

地址：大连市旅顺口区港湾街 47 号

旅顺港、坞工程竣工后，李鸿章旋即选派直隶候补道龚照玙赴旅顺口，会同原办道员刘含芳筹办旅顺船坞局。1891 年，旅顺船坞局正式建立，也是今大连辽南船厂的最早厂名，简称为“大坞”。旅顺大坞为北洋海军做出了重大贡献，北洋海军的二十余艘舰船都在大坞中进行过维修。船坞工厂竣工后，大量招募匠役人员，使船坞具备了生产能力，保证了北洋海军舰船的正常维修保养，也使旅顺船坞成为当时我国规模较大、修船设施较为完善、维修舰船能力较强的近代海军修造船厂。

旅顺船坞局旧址，坐北朝南，为二排平房建筑群。有一道东西长 71 米、高 3 米的由石块、青砖和混凝土砌筑的围墙。墙体由褐色长方形花岗岩、方形石块、青砖与混凝土砌筑而成，上覆铁皮屋顶，为硬山式建筑，墙体表面另筑马面加固。整个建筑间隔规整，错落有致，具有庭院式的中国风格。

旅顺船坞局旧址局部

老铁山灯塔

时代：1892 年

地址：大连市旅顺口区老铁山西南隅

为了保证北洋舰船进出旅顺港的航行安全，1892 年清政府海务科在老铁山西南隅设置灯塔。灯塔高 14.8 米，灯高 100 米，射程 25 海里。灯塔前沿南北方向的海面为黄海和渤海分界线。

老铁山灯塔的全套设备由法国制造，采用水银浮槽式旋转镜机，由 288 块水晶镶嵌而成的八面牛眼式透镜折射光源，灯罩完全由人工打磨的水晶制成，为当时世界著名的船海导航灯塔。

现为全国重点文物保护单位。

左：老铁山灯塔旧影
中：老铁山灯塔今貌
右上：与老铁山灯塔同期建设的石房
右下：灯罩

03-1

大连埠头事务所旧址

时代：1926 年

地址：大连市中山区港湾街 1 号

原为“满铁”大连埠头事务所大楼，一期工程于 1916 年开工，1921 年竣工，钢筋混凝土结构。二期工程 1923 年开工，1926 年竣工。占地面积 2950 平方米，建筑面积 2 万余平方米，楼高七层，内设电梯。楼体设计整体上具有美国鲁尼桑斯式建筑风格，底层为长方条石砌筑，沉重结实。顶层檐口多层装饰，突凹有致，中层外墙为欧式方砖镶嵌，古朴典雅。正门 10 根古罗马廊柱组成突出门庭，门庭上方悬挂欧式钟表，顶部平台为绿色穹窿阁亭，楼内台阶选用花纹精美的彩色天然大理石铺就。

大 连 港 集

左：始建于 1916 年的大连埠头事务所大楼
右：建筑局部细节

03-2

大连港客运候船厅

时代：1924 年

地址：大连市中山区港湾桥

1922 年 7 月 26 日，“满铁”当局动工修建大连港客运站，时称“船客待合所”。1924 年 10 月 27 日，大连港客运候船厅建成并投入使用，占地面积为 5031 平方米，二层建筑，下层为仓库，上层为候船厅。候船厅面积 3768 平方米，可容纳旅客上千人。客运站外观具有“门户”特征，候船厅南面建有长达 122 米的天桥走廊，是旅客进出候船厅的通道。东面建有宽 5 米多的平台，在平台和码头之间设置有可移动的跨桥，供旅客上下船之用。候船厅可办理船票、电报、货币兑换等业务，还设有陈列室、阅览室、游艺室和茶馆、饭店、商店等。

候船厅
一次成衣
客运站商店

左：20 世纪 80 年代的大连港候船厅
右上：1924 年建成的大连港客运候船厅
右下：20 世纪 90 年代候船厅内景

03-3

大连港 15 库

时代：1929 年

地址：大连市中山区大连港甲码头

15 库坐落在大连港甲码头岸上，建于 1929 年，长 196 米，宽 39 米，高 18.45 米，总建筑面积 2.6 万平方米，为 4 层钢筋混凝土结构，可容 1.5 万吨货物。四层内设保温库 486 平方米，建筑北侧立面采用层层退台式收缩的建筑形式，形成 3 个露天货物平台。仓库北面临海，第二、三、四层逐层收缩，形成 3 个露天载货平台，平台与岸边 4 台日本造 3 吨老式门机相互配套。作业时，门机将船上货物吊起后，落钩在露天平台上，一起一落，完成船、库间作业。15 库建成使用时，屋顶是全景式窗台平层，顶层的平台面积达 4000 平方米，号称“东亚第一单体仓库”，曾是东亚建筑面积最大、机械化程度最高的港口工业单体仓库。

構内禁煙

stx
World Best
DPA
大連港集團
建设全方位

左：大连港 15 库
右上：2010 年改造后的 15 库
右下：改造后的咖啡吧外景

03-4

大连港 21、22 库

时代：1924 年

地址：大连市中山区大连港区 2 号码头

21 库建成于 1924 年，位于二码头候船厅楼下。总面积 4577 平方米，为两层钢筋混凝土无梁板结构的库房，砖填充墙体，立面上有服务功能的门洞和侧窗。21 库于 2010 年 8 月 21 日完成改造工程：加固库内承重柱，局部增加钢结构支撑，修复破损混凝土构件，整治楼内空间、综合改造墙体装饰等。2012 年又进一步进行改造和调整，成为候船厅一楼，通过楼梯与楼上候船厅连为一体。

22 库位于 21 库北部，1922 年开工，1924 年建成。建筑面积为 4577 平方米，钢筋混凝土无梁板结构。22 库的设计是为了扩展库房的装卸操作流程，建筑的尺度和 21 库相近，但是外立面的细节处理略有不同。

止烟火

左：22 库旧址
右：局部

03-5

大连港外防波堤灯塔

时代：1912~1918 年；1933 年

地址：大连市中山区大连港区一码头、二码头

大连港外防波堤灯塔位于一码头，于 1912 ～ 1918 年建成使用，是船舶进出港的重要导航设施。大连港第二码头北端信号塔于 1933 年建成使用，塔高 59.25 米。

甘井子煤炭码头旧址

时代：1930 年

地址：大连市工兴路 21 号

1926 年 3 月，“满铁”为了提高大连港煤炭的装卸能力，开始着手实施建设大型机械化煤炭出口专用码头的计划。9 月 1 日，甘井子煤炭码头工程正式动工。1930 年 10 月 1 日，甘井子煤炭专用码头正式建成，由防波堤、栈桥和贮煤场等三部分组成，是当时东亚最大的机械化煤炭专用码头、机械化程度最高的工业码头。1933 年后，从甘井子煤炭码头掠走的中国优质煤炭，占日本年进口煤炭总量的 60% ～ 70%。

左上：1930 年甘井子煤炭码头装运情况
左下：现存的甘井子煤炭码头钢栈桥
右上：1930 年的翻车机
右下：2008 年的翻车机

MANTATSUMA

左：1930 年由美国“Alliance Machine Co.”进口的装船机
中：现存的 1930 年由美国“Alliance Machine Co.”进口的装船机
右上：现存装船机上的美国弗利克兰公司标牌
右中：现存装船机上的 1928 年由“Gen Elec Co. USA”（美国通用电气公司）生产的直流磁力制动阀标牌
右下：现存装船机上的美国“Alliance Machine Co.”公司标牌

3000

左上：1930 年由日本川畸造船所生产的电力机车试运行
左下：现存的甘井子煤炭码头电力机车
右上：1930 年由美国“Alliance Machine Co”进口的运煤车
右下：现存的 1930 年由美国进口的运煤车

25t 90m

左上：1930 年的抓煤机
左下：2008 年的桥式抓煤机（俗称倒煤架子）
右上：1930 年的储煤机
右下：2008 年的储煤机

左：1930 年的甘井子埠头事务所全景
右上：1930 年的甘井子煤码头事务所
右下：现存的甘井子煤码头办公楼

大连船渠铁工株式会社旧址

时代：1898 年

地址：大连市西岗区沿海街 1 号

大连造船厂前身时称中东铁路公司轮船修理工场、造船场，始建于 1898 年 6 月 10 日，是与近代大连城市同时诞生的机器制造厂家之一。1904 年 6 月被日本侵占，后几易其名。1937 年 8 月改称大连船渠铁工株式会社，从修船为主转向造船为主。

1945 年大连光复后由苏联接管。1951 年中国收回工厂主权，实行中苏合营。1955 年起由中国独营，改称大连造船公司。1957 年改用现名。现在，昔日被称为“小坞”的修船厂，已建设成为国内领先、世界一流的大型现代化船舶制造企业，曾创下中国造船业六十多个第一。

左：建于 1901 年的中央发电所旧址
右：中央发电所旧址局部

左：1926 年建成的北坞
右上：日本统治时期船坞水泵
右下：北坞泵房内部机器上的标识

华杰8
HUA JIE
生产

左：1902 年建成的南坞现状
右上：1902 年建成的 3000 吨船坞
右下：坞内局部

“满铁”电气作业所旧址

时代：1909 年

地址：大连市中山区民主广场 7 号

日本殖民统治大连初期，开始大规模地实施城市“电气铁道”筹建计划。1909 年 9 月 25 日，大连第一辆有轨电车投入运行，东北第一条有轨电车系统诞生。同年设立“大连满铁电气作业所”，在其北侧院内建成可容纳 100 辆电车的车库，时称“满铁电车修理工场”。

大连公交客运
集团有限公司
电车分公司
民主广场

左：建于 1909 年的“满铁”电气作业所办公楼
右上：1909 年有轨电车开始试营运
右下：电车维修车间

07-1

“满铁”沙河口铁道工场机车组装职场旧址

时代：1908 年

地址：大连市沙河口区中长街 52 号

1899 年，俄国侵占旅大后，“东清铁道机车制造所”作为“达里尼第一期工程”的组成部分随即开始兴建。1903 年，“东清铁道机车制造所”开业，成为中国最早的铁道工厂之一。日俄战争结束后，日本野战铁道提理部于 1906 年正式接管该厂，并更名为大连工场。1908 年，“满铁”将大连工场迁移至郊外的沙河口（今机车厂厂址），厂名改为“满铁沙河口铁道工场”，从事铁路机客货车修理组装制造。工厂从 1914 年开始制造蒸汽机车，1934 年生产出轴式为 2-3-2 的“太平洋 7 型”蒸汽机车，牵引当时亚洲第一高速列车“亚细亚”号。

1945 年 9 月，苏军进驻沙河口铁道工场，改名为“中长铁路大连铁路工厂”。

1953 年，由我国独立经营。1958 年，工厂定名为“铁道部大连机车车辆工厂”。

机车车间是内燃机车生产的总组装车间，前身是俄国侵占时所建的机车组装职场。车间厂房为 1908 年兴建，建筑面积 2373 平方米，原为红砖建筑，后对建筑外立面进行改造。

100 TON
Nº1
30 TON
Nº2

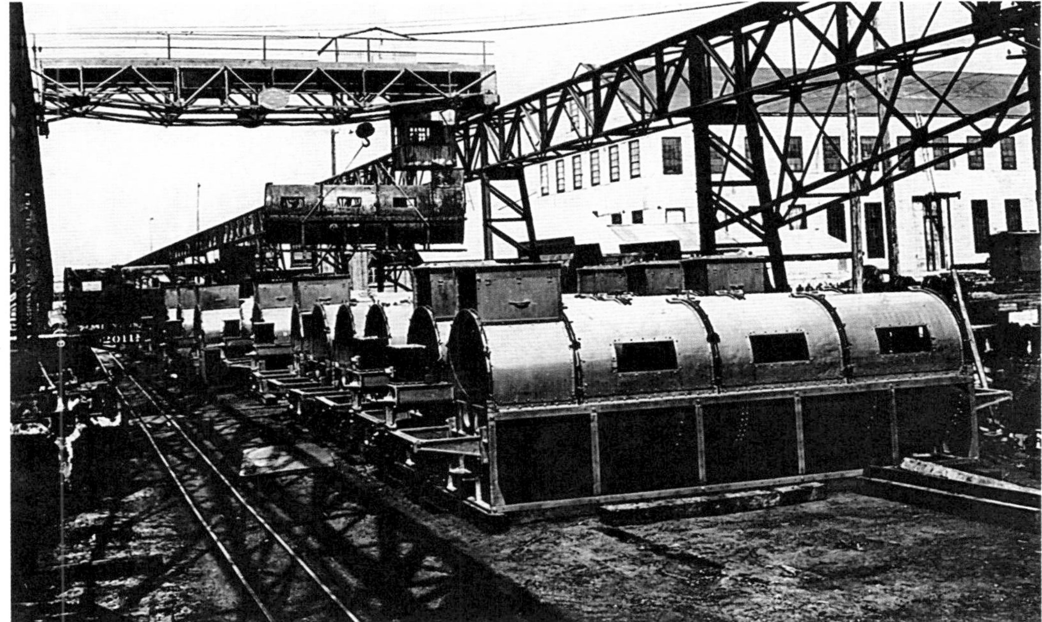

左：20 世纪 30 年代沙河口铁道工场正在组装机车
右：沙河口铁道工场局部

左：大连机车车辆厂机车车间

右上：1969 年 9 月 26 日，我国第一台东风 4 型内燃机车在这里诞生

右下：1956 年 9 月 26 日，我国第一台“和平型”蒸汽机车研制成功

07-2

“满铁”沙河口铁道工场台车职场旧址

时代：1911 年

地址：大连市沙河口区中长街 52 号

机械五车间是担负工厂敞车转向架、轮对、车钩和内燃机车轮对加工组装及柴油机部分零件加工等任务的机械加工车间。“满铁”沙河口铁道工场机械五车间前身为日本统治时期工厂的台车职场，1911 年 9 月 8 日建成，建筑面积 3517 平方米，车间内部采用了大跨度铆接工字钢架结构，屋顶为锯齿形玻璃屋顶，采光效果良好。

左：机械五车间外部，屋顶为锯齿形设计
右上：机械五车间内部
右下：20 世纪 40 年代的机械五车间日立牌压缩机

左：沙河口铁道工场生产的“亚细亚”号特快列车
右：“亚细亚”号列车内景

アジア
亜細亜757

左：2008 年存放在大连机务段运用车间库房内的“亚细亚”号机车车头
右上：铭牌
右下：车轮局部

07-3

“满铁”沙河口铁道工场住宅旧址

时代：1911 年

地址：大连市沙河口区北七街 19 号

这是一栋典型的欧式砖木结构的建筑，建于 1911 年，建筑面积 349.6 平方米，为“满铁”沙河口铁道工场的厂长住宅楼，现为大连机车厂老干部活动中心。

关心下一代工作委员会

左：日本统治时期工厂高级住宅
右：建筑局部

07-4

沙河口小学校旧址

时代：1911 年

地址：大连市沙河口区鞍山路 85 号

始建于 1911 年，原名为大连沙河口小学校，是与沙河口铁道工场同时兴建的学校。主楼占地面积 2020 平方米，东西长 150 多米，南北宽 20 多米，坐北朝南，二层砖木结构，现为大连市第 47 中学。

左：建于 1911 年的沙河口小学校
右上：木制楼梯
右下：木制楼梯局部

“满铁”大连机关库旧址

时代：1918 年

地址：大连市西岗区海洋街 1 号

1916 年 10 月，“满铁”利用废弃的东省铁路修理总厂，建造拥有 20 条线路的机车库。1918 年，工程竣工，命名为“满铁大连机关库”。1925 年扩建为 25 条线路，1931 年扩建为 35 条线路，形成了现有的格局。1945 年 8 月，苏军接管铁路系统，“满铁大连机关库”改名为中长铁路大连机务段。现为大连机务段运用车间。

DF4D 0253
上
3km/h

左：机车扇形库和机车转盘
右：机车扇形库全景
扇形库的库门呈扇形依次排开，每个库门都有一条铁轨与库外的机车分道盘连在一起，火车要进哪个门，上转台一转，开进去即可，这种设计科学合理，使用方便，造型美观。

大连第一发电厂旧址

时代：1922 年

地址：大连市沙河口区西安路 40 号

1919 年始建，1922 年竣工投产，原名为天之川发电所，是日本殖民统治时期“满铁”所经营的发电厂，隶属“满铁”电气作业所。1945 年 8 月，由苏联红军接管，同年 12 月，交由关东电业局管辖。

左：大连第一发电厂发电生产厂房
右上：1932 年安装于天之川发电所的日本三菱型汽轮发电机
右下：发电生产厂房内汽轮机厂房

“满洲化学工业株式会社”旧址

时代：1933 年

地址：大连市甘井子区工兴路 10 号

“满洲化学工业株式会社”（以下简称“满化”），始建于 1933 年。合成车间是生产合成氨的化工车间，其前身是“满化”合成部所属的合成工场，始建于 1933 年，占地面积约为 10000 平方米，1935 年投产，1945 年 8 月停产。

1945 年 10 月，苏联接管后，设备被拆走 60%。1950 年初开始全面修复，1951 年 6 月 25 日正式开工生产，周总理曾到合成车间视察。1957 年，大连碱厂（前身为“满洲曹达株式会社”）与大连化学工厂合并，定名为大连化工厂。

1935 年“满洲化学工业株式会社”全景

左：“满洲化学工业株式会社”硫铵仓库
右：“满洲化学工业株式会社”码头栈桥

安全

左：建于 1935 年的大化合成车间厂房
右：合成车间内部

左：大连博物馆门前陈列的大化压缩机

右上：我国接管日本遗留的烂摊子后，很快修复了 1340 马力德国产空气压缩机，生产炸药原料，为解放战争的胜利做出了巨大贡献。

右中：20 世纪 40 年代日本昭和制钢所生产的压缩机

右下：1955 年大化人自行设计、制造的新中国第一台大型化工用 2400 马力 150 转氮气压缩机

大化西俱乐部始建于 1950 年代，由苏联人设计，可容纳 1000 多人。这座拱形建筑的巨大拱顶既没用一根螺丝，也没有钢架，而是全部使用木方插建的拱网，在上面铺设木板和波纹镀锌铁板，特点鲜明。

左：大化西俱乐部
右：大化西俱乐部局部

大连钢厂旧址

时代：1938 年

地址：大连市甘井子区工兴路 4 号

大连钢厂原由日本殖民统治时期的进和商会与大华矿业株式会社两厂合并而成。第一炼钢分厂生产厂房，由 1936 年进和商会电气炉车间和 1938 年大华电气冶金株式会社炼钢厂合并而成，占地面积 29233 平方米。

SHIN

左：第一炼钢分厂生产厂房
右：生产厂房内部

左：1940 年建成的第二轧钢分厂生产厂房
右上：1993 年正在生产的第二轧钢分厂
右下：已经停工的第二轧钢分厂生产厂房

“满洲轴承制造株式会社”旧址

时代：1940 年

地址：瓦房店市北共济街一段 1 号

1938 年 3 月 26 日，日本东洋（NTN）轴承制造株式会社开始筹建“满洲轴承制造株式会社”。1940 年 1 月，厂房主体工程竣工并开始投入生产。

1945 年 10 月 7 日，东北人民自卫军进驻瓦房店，工厂更名为“辽东铁工厂”，承担解放战争时期枪械修理和手榴弹的制造任务。

1949 年 9 月，以“610”为代表型号的中国国产的第一套工业轴承诞生，结束了中国不能制造工业轴承的历史。

左：建于 20 世纪 30 年代“满洲轴承制造株式会社”办公楼
右：建于 20 世纪 60 年代的大连瓦轴集团体育中心

13

大连冷冻机厂旧址

时代：1950 年

地址：大连市沙河口区西南路 888 号

大连冷冻机厂是辽宁省最早生产制冷设备的工厂，前身是新民铁工厂，始建于 1930 年 9 月。中华人民共和国成立后，新民铁工厂采取与国家合营方式成立了大连制冷冻厂，是中国研制、生产各种类型制冷设备的大型骨干企业和出品成套制冷设备的主要厂家，是全国制冷行业最先进的制冷产品性能测试基地，也是全国制冷行业唯一获金质奖的厂家。2019 年，国家工信部认定其铸造工厂厂房为第三批国家工业遗产。

左：建于 1950 年的铸造工厂厂房
右：铸造工厂厂房局部

“满洲重机株式会社金州工厂”旧址

时代：1941 年

地址：大连市金普新区龙湾路 5 号

始建于 1941 年，前身是“满洲重机株式会社金州工厂”，1944 年正式投入生产。

1945 年，日本投降后，苏联接管工厂，将厂内设备全部拆走，工厂变成苏军的坦克修理厂。

1955 年由中国人民解放军某部接管，国家“一五”计划期间，该厂生产得到恢复，厂内面积达 46 万平方米。

重容车间始建于 1941 年，车间内有铁路通过，面积 1.02 万平方米。

左：金州重型机器厂重容车间
右上：金州重型机器厂 1973 年生产的“上游 0652”蒸汽机车
右下：陈列在大连博物馆广场上的“上游 0652”蒸汽机车

15

内外棉株式会社金州支店旧址

时代：1921 年

地址：大连市金普新区五一路 354 号

前身是 1921 年始建的内外棉株式会社金州工厂，1926 年更名为内外棉株式会社金州支店。日本内外棉株式会社创始于 1887 年，本社在日本。在中国设有上海、青岛、金州三个支店，金州支店内设 3 个工厂，一厂建于 1923 年，建有纺纱车间；二厂建于 1927 年，建有纺纱车间和织布车间；三厂建于 1935 年，建有纺纱车间和织布车间。厂内机器设备除少数的普通织布机外，其余全部为自动高速机器，是当时大连最大的纺织厂。

1945 年 8 月，苏军接管，1947 年移交关东公署。1949 年改为金州纺织厂。

左：金州纺织厂一织车间
右上：金州纺织厂办公楼
右下：金州纺织厂成品仓库

16

“满洲福岛纺绩株式会社”旧址

时代：1925 年

地址：大连市甘井子区周水子街道周盛社区周家街 15 号

“满洲福岛纺绩株式会社”，简称“福纺”，是日本福岛纺绩株式会社的分厂。1922 年 4 月开始筹建，1925 年 1 月投产。

1945 年 8 月，苏军接管该厂。1946 年 4 月 27 日，移交给大连市政府，更名为大连纺织厂。

福
行动起
好安全
范工作

左：1924 年建成的变电所
右上：1924 年建成的锯齿状生产厂房屋顶
右下：日本殖民统治时期建成的厂房

17

国营五二三厂旧址

时代：1947 年

地址：甘井子区街道海北路海鸥街 2 号

国营五二三厂的前身是大连建新工业公司。抗日战争胜利后，中国共产党认为大连具备优越的军火生产条件，决定以大连作为炮弹生产基地，支援解放战争。1947 年开始组建大连建新工业公司，它是我党领导下的规模庞大、现代化程度最高的大型兵工联合企业，包括裕华铁工厂、宏昌铁工厂、大连化学工厂、大连机械工厂、大连钢铁工厂、大连制罐工厂等多家企业，为解放战争的胜利做出了巨大贡献，成为新中国工业的第一块基石。其中大家所熟知的吴运铎就是宏昌铁工厂厂长，生产炮弹配套的引爆装置。1950 年 9 月，改名为东北军区军工部八一工厂，生产的炮弹等，有力地支援了抗美援朝战争，后改名为国营五二三工厂。

左：国营五二三厂俱乐部
右：俱乐部局部

18

龙引泉遗址

时代：1888 年

地址：大连市旅顺口区水师营街道三八里村

龙引泉原是一处地下水外露泉，泉水甘甜。1879 年，清政府开始在这里兴建供水工程。1888 年，工程全部完工，成为中国人最早自建的自来水工程，日供水量达 1500 立方米。

日本殖民统治时期，在龙引泉水源地内增加取水设施，汇水面积达 16.5 平方公里。在龙引泉以西建一砖混双层集水井。在龙引泉以东大约 600 米处的树林中，建一座分为两层的特大集水井，该井井水由大孤山、龙引泉地下水汇集而成。

现存龙引泉碑和井房、泵房等。

龍引泉

龍
泉

左：龙引泉碑
右：龙引泉外部储水池

19

广和配水池泵房

时代：1902 年

地址：大连市西岗区广和街

1899 年始建，1902 年竣工，是大连市第一座城市供水配水池。现存泵房建筑具有典型的俄式建筑风格。

左：俄国统治大连时期修建的泵房局部之一
右：俄国统治大连时期修建的泵房局部之二

20

孙家沟净水厂

时代：1898 年

地址：大连市旅顺口区五一路 42 号

始建于 1898 年 3 月，是俄国侵占旅顺口后为海军供水修建的水厂。日俄战争后，日本于 1910 年又对其进行部分扩建。

净水厂占地面积 4.67 万平方米，现存泵房和储水池两部分。泵房为砖石混凝土硬山式建筑，长 33.3 米，宽 12.5 米，高 2.5 米，正门外凸，设有两廊柱，门楣、窗梁均为拱形，具有欧式建筑风格。

21-1

沙河口净水厂急速过滤室

时代：1917 年

地址：大连市沙河口区五一路 95 号

沙河口净水厂始建于 1917 年，是集原水净化、净水输配于一体的净水厂。厂区内现保留有急速滤过室和供水泵站。

急速过滤室为两端地上两层，地下一层的对称体量夹着中部的一层体量，平面上形成 U 形布局。钢筋混凝土结构，红砖外墙，底层块石砌筑，外墙转角和门洞用长短块石交叉叠砌而成，窗台和窗楣有块石装饰，蓝色瓦片覆盖双坡屋顶。地下一层有管廊和 2 台水泵，设踏步，直接通向室外。一层为过滤室，当年室内的净化水管道、阀门及整套过滤水设施都保持原状。其它房间原为化验室、调度室、资料室、值班室，二层为放映室等。

急速濾過室

左：1932 年扩建的沙河口净水厂过滤室
右上：建筑局部
右下：过滤室地下水泵

21-2

沙河口净水厂泵站

时代：1917 年

地址：大连市沙河口区五一路 95 号

供水泵站为一字形布局，硬山坡屋顶，桁架结构，红砖外立面，底部块石砌筑。南立面中央设凸出的入口门廊，并以前后两个高低不同的三角山墙装饰。外墙转角及窗间墙以低于二层窗楣的立柱装饰。白色落水管依立柱而设。方窗、券窗、圆拱窗变化有致。屋檐、窗楣、窗下墙都有层次丰富的装饰。整个立面设计具有近代折衷主义倾向。内部空间单一巨大，桁架屋顶和保留下来的 5 吨吊车成为主角，吊车仍可正常运行。

左：1932 年兴建的沙河口净水厂泵站
右上：建筑局部
右下：泵站内部

22

台山净水厂

时代：1920 年

地址：大连市沙河口区西南路 301 号

台山净水厂始建于 1920 年。净水厂内保留有当年的全套净化水设施，包括过滤室、混药室、沉淀池、原水井、配水池等。过滤室地下一层有管廊，送水泵 2 台、压力泵 1 台，地上一层有值班室、过滤室、氯气室；地下二层为 2 个投药池、仓库等。

2000 年停止使用。

左：1920 年兴建的台山净水厂配药室
右上：台山净水厂过滤室
右下：建筑局部

23

南山净水厂

时代：1943 年

地址：大连市金州南山岗北坡

建于 1943 年，占地面积 7.5 万平方米。现存泵房一座，内有两个净水泵。还有一处建于 1944 年的沉淀池。

千方百计挖水泥

24

王家店水库

时代：1917 年

地址：大连市甘井子区红旗街道棠梨村

1914 年动工兴建，1917 年 11 月竣工，1919 年正式送水，是大连市内最早兴建的水库。集水面积 31.3 平方千米，库容 632 万立方米。

左：王家店水库取水塔
右上：取水塔铭牌
右下：建筑局部

25

龙王塘水库

时代：1924 年

地址：大连市高新园区龙王塘街道官房子村

1920 年 8 月开工建设，1924 年 3 月竣工。水库占地面积 254 万平方米，蓄水面积 3478 万平方米，水库最大容量 1578 万立方米，大堤高 40 米。大坝为块石混凝土筑成的重力坝。泵房内有 3 个瑞士出产的送水泵。龙王塘水库是一座以城市供水为主，兼顾防洪的中型水库。

左：1920 年兴建的龙王塘水库泵站
右上：水库送水塔
右下：水库溢洪道

26

大西山水库

时代：1934 年

地址：大连市甘井子区红旗街道湾家村

1927 年 8 月兴建，1934 年 3 月竣工，库容 1680 万立方米。块石混凝土重力坝全长 583 米，桥宽 3.2 米。

现有取水塔一座，值班室为二层砖混建筑，室内安装有日式壁炉。

牧城塘水库

时代：1935 年

地址：大连市甘井子区营城子街道前牧城驿村南

建于 1933 年 6 月至 1935 年 8 月之间，总库容量 561.2 万立方米，混凝土心墙土坝。泵房内保留有当年日本芝甫制造厂生产的诱导电机等。

牧城塘貯水池竣工碑

28

小孤山水库

时代：1935 年

地址：大连市旅顺口区龙头街道王家村

建于 1935 年，混凝土心墙土坝，现存泵站、水塔等，库容量 740 万立方米。水库主要满足旅顺城区的供水需求。

29

“南满洲铁道株式会社”旧址

时代：1909 年

地址：大连市中山区鲁迅路 9 号

1909 年建成，建筑面积 18300 平方米，是一座具有西洋古典风格的建筑，原为日本“南满洲铁道株式会社”本部。现为大连铁路办事处，辽宁省文物保护单位。

“南满洲铁道株式会社”总部旧址全景

1906 年，“满铁”在东京成立，并于 1907 年 3 月将总部由东京迁至大连，4 月 1 日正式营业，首任总裁为后藤新平。“满铁”实质上由日本政府控制，是国家资本与私人资本相互结合的产物。

30

东省铁路公司护路事务所旧址

时代：1902 年

地址：大连市西岗区胜利街 33 号

始建于 1902 年，建筑面积 2169 平方米，近代欧式建筑。原为俄国东省铁路公司护路事务所，后为日本“满铁”大连护路事务所。现为沈阳铁路局大连工务段办公楼。现为全国重点文物保护单位。

パン

50
极创建诚信社会 全力塑造诚信形
一点一滴汇聚你我之力 全心全意
建
安之城
街道食安委
胜利街
爱国
敬业
↑90m
违反标志
罚款200元
记3分

左：沈阳铁路局大连工务段办公楼
右：沈阳铁路局大连工务段办公楼局部

31

达里尼火车站

时代：1903 年

地址：大连市西岗区胜利街 46 号

达里尼火车站旧址是大连有史以来第一个火车站，1902 年俄国修建，1903 年投入使用，1937 年日本统治时期的大连站建成后被取代。这是一座带有俄式风格的平层砖木结构建筑，坐南朝北，建筑面积 300 平方米。20 世纪 50 年代，这座建筑曾经作为大连铁路局电务段的维修所和仓库使用，现为贵宾室。

32

旅顺火车站

时代：1905 年

地址：大连市旅顺口区井冈街 8 号

始建于 1900 年 10 月，是东省铁路最南端的周（水子）旅（顺）支线的终点站，1903 年投入运营。

1905 年，日俄战争结束后，日本人按照俄国遗留下来的图纸重建。站舍为典型俄罗斯风格的木制平房建筑，占地面积 406 平方米，由候车室、乘务室、站台长廊等组成，候车室正中为俄式风格塔楼。

佳日酒店

左：旅顺火车站今貌
右：站台长廊

33

大连火车站

时代：1937 年

地址：大连市中山区胜利广场北侧

1903 年东省铁路营业时设大连站，当时为大连支线（9 公里）上一小站，站舍规模较小。

日俄战争后，“满铁”将“南满”铁路终点改至大连，对站舍进行了较大规模扩建，改称“大连驿”。站舍由日本人太田宗郎主持设计，“满铁”主持建造。

火车站原规划在市区东端码头处，后因“满铁”将市区向西扩展，从而把火车站定位在连接东西市区的青泥洼桥北边，太田宗郎和小林良治的设计方案中选。1935 年在连锁街北侧开始动工，1937 年 6 月 1 日举行站舍竣工庆典。站舍建筑面积 1.4 万平方米，天桥长 63 米，地道长 85 米，旅客站台 19115 平方米，站前广场 14818 平方米。车站占地面积 4500 平方米，主楼 4 层，地下 1 层，框架结构。设计中考虑人流与货流的关系，在第二层设置了半环形车道，车辆可驶至二楼。主楼立面简洁大方，虚实对比鲜明。

1945 年日本投降后，由中苏共管，1952 年移交中国。

左：1954 年的大连火车站
右上：站台长廊
右下：半环形车道

34

周水子火车站

时代：1906 年

地址：大连市甘井子区周水子街道

1906 年建成，日式风格，砖木结构，建筑占地面积 347 平方米。

本站发售全国联网
异地、返程软硬座、卧铺车票
候车室
P

左：周水子火车站站房
右上：站台局部
右下：旅客天桥

35

南关岭火车站

时代：1907 年

地址：大连市南关岭火车站

1907 年建成，欧式建筑风格，砖木结构。现存有办公室、候车室两座建筑。候车室占地 110 平方米，办公室占地 117 平方米，均为单层建筑。南关岭火车站曾是“南满”铁路支线上的客货小站。

德
振

左：南关岭火车站站房
右：建筑局部

36

沙河口火车站

时代：1924 年

地址：大连市中长街 1 号

始建于 1924 年，日本殖民统治时期为沙河口驿。建筑占地面积 500 平方米，东西长 45 米，南北宽 11 米，高 9 米，砖木结构。

1945 年苏军接管后，改称为沙河口站。

候车室
WAITING ROOM
自信公开
时尚货

左：沙河口火车站候车室
右：沙河口火车站站房局部

37

营城子火车站

时代：1898 年

地址：大连市营城子街道南

1898 年俄国始建。长 20 米，宽 5. 5 米，俄式建筑风格，单层砖石结构、铁皮顶，建筑占地面积 434 平方米。

现存俄式建筑 3 栋，有候车室、行李房、职工宿舍。

營城子
NG CHENG TZU

营城子
连 房
14

左：营城子火车站站房
右：建筑局部

38

夏家河子火车站

时代：1907 年

地址：大连市甘井子区革镇堡街道

夏家河子火车站始建于 1907 年，在大连市区内属旅顺支线部分。东接革镇堡站，西接营城子站。

39

金州火车站

时代：1927 年

地址：金州区中长街道春和小区东侧 20 米处

始建于 1927 年，由富绅巴树声与日本人门野重九郎共同修建，曾是金（州）貔（子窝）铁路上的一个站点。

金州
CHIN-CHOU

金州东门

左：火车站候车室
上：站台长廊
右下：建筑局部

40

城子疃火车站

时代：1927 年

地址：位于普兰店市和庄河市交界的城子坦街

金州东门到城子疃的私营铁路由“金福铁路公司”修建，简称“金福路”。共修站线 3 条，其中到发线 2 条，装卸线 1 条，道岔 4 组。站舍 1 所，内设运转、售票及候车室，货运、站长室。1927 年 10 月 1 日正式通车。1939 年 5 月“金福路”卖给“满铁”，由其管理经营并改为金城线，金城线的东端终点站就是城子疃火车站，1965 年更名为城子坦火车站。

城子坦站

城子坦东

1955年11月上旬，中华人民共和国成立后的中国人民解放军第一次大规模陆海空三军联合军事演习在辽东半岛举行，由叶剑英元帅担任总指挥。刘少奇、周恩来、邓小平、彭德怀、刘伯承、贺龙、陈毅、罗荣桓、徐向前、聂荣臻等党和国家、军队领导人亲临现场观看演习。演习的指挥部就在城子疃火车站。

左：火车站一角
右：火车站建筑

登沙河火车站

时代：1927 年

地址：大连市金普新区登沙河街道

登沙河火车站是金（州）城（子疃）铁路线上的车站。金城铁路原名“金福铁路”，由亮甲店富豪巴树声和日本财阀门野重九郎合股投资修建，1927 年 10 月 1 日通车。火车站旧址占地面积约 2500 平方米，建筑面积约为 500 平方米。

现存火车站办公楼，为二层红砖建筑，具有日本“官厅式”建筑风格。

岗
敬
站
我
登沙河站
安全
生产

42

杏树屯火车站

时代：1927 年

地址：辽宁省大连市金州区杏树街道

和式建筑风格，东西长 9.25 米，南北宽 6.1 米，高 7 米。站房内设售票室、货运室和候车室。

杏树屯站

后 记

2019 年，以姜晔作为项目负责人的《辽宁工业文化遗产保护与传播模式研究》课题，获批 2019 年度辽宁省社会科学规划基金重点项目，项目编号L19AKG001。在此基础上，我们先将 2008 年以来数十次深入到大连企业调查拍摄的千余张照片和查找的历史照片进行遴选，从中选出现在书里的这部分照片，作为《辽宁工业文化遗产保护与传播模式研究》的阶段性成果，呈现在大家的面前。

本书由项目负责人姜晔策划、主持，并和课题组成员路懿菡撰写文字，照片由李慧拍摄，薛璟完成书稿设计，课题组其他成员或参加遴选历史图片，或收集资料……特别感谢大连理工大学胡文荟教授提供大化西俱乐部的照片。

值此《大连工业遗产图鉴》出版之际，谨向参加此项工作和一切关心该书出版的各位女士、先生表示诚挚的谢意！

编著者

2020 年 12 月

2019 年度辽宁省社会科学规划基金重点项目

《辽宁工业文化遗产保护与传播模式研究》
（项目编号 L19AKG001）
阶段性成果